新雅·知識館

喵星人也愛
超酷恐龍知識

以茲·豪厄爾 著

新雅文化事業有限公司
www.sunya.com.hk

新雅・知識館

喵星人也愛超酷恐龍知識

作　　者：以茲・豪厄爾 (Izzi Howell)
翻　　譯：吳定禧
責任編輯：胡頌茵
美術設計：張思婷
出　　版：新雅文化事業有限公司
　　　　　香港英皇道499號北角工業大廈18樓
　　　　　電話：(852) 2138 7998
　　　　　傳真：(852) 2597 4003
　　　　　網址：http://www.sunya.com.hk
　　　　　電郵：marketing@sunya.com.hk
發　　行：香港聯合書刊物流有限公司
　　　　　香港荃灣德士古道220-248號
　　　　　荃灣工業中心16樓
電　　話：(852) 2150 2100
傳　　真：(852) 2407 3062
電　　郵：info@suplogistics.com.hk
印　　刷：中華商務彩色印刷有限公司
　　　　　香港新界大埔汀麗路36號
版　　次：二○二二年九月初版

ISBN: 978-962-08-8093-3
Original Title: *Cats React to Dinosaur Facts*
First published in Great Britain in 2019 by Wayland
An imprint of Hachette Children's Group
Copyright © Hodder and Stroughton Limited, 2019
All rights reserved.

Traditional Chinese Edition © 2022 Sun Ya Publications (HK) Ltd.
18/F, North Point Industrial Building, 499 King's Road, Hong Kong
Published in Hong Kong, China
Printed in China

Alamy: Stocktrek Images, Inc. 20b, The Natural History Museum 40r, Stocktrek Images, Inc. 46r and 97t, Mohamad Haghani 92b; Getty: ilterriorm 88l; iStock: sdominick 31l, leonello 38–39c, ilbusca 41b, MR1805 60, milehightraveler 101l; Martin Bustamente 36t, 44, 98–99; NASA/JPL 73bl; Science Photo Library: JAIME CHIRINOS 93l; Shutterstock: Eric Isselee cover, OlgaBartashevich, Artem Furman, Seregraff, Sonsedska Yuliia and Jagodka back cover, Elenarts and Anton27 2t and 81c, Kuttelvaserova Stuchelova 2b, Svyatoslav Balan 3t and 52b, Susan Schmitz 3b and 6t, vvvita 4t and 112, Warpaint and Nynke van Holten 4b, Herschel Hoffmeyer 5tl, 6–7c, 8–9c, 9b, 35t, 58c and 75, Warpaint 5tr, 16l, 25b, 49c, 59, 71t, 76, 87t and 90t, RamonaS 5b, Elenarts 6b, photomaster 7t, Ukki Studio 7b, Tony Campbell 8t, nattanan726 8b, art nick 9t, fufu10 9c, Krunja 9b, Captainz, Iryna Kuznetsova and Bodor Tivadar 10, Ermolaev Alexander, keellla, Warpaint and PixelSquid3d 11, Dina Photo Stories 12l, Dotted Yeti 13, 26, 67r, 84t and 88r, Marko Aliaksandr 14t, Billion Photos 14b, Sonsedska Yuliia 15l, sruilk 15r, DenisNata 16r, Iryna Kuznetsova, Daniel Eskridge and Atmosphere1 17t, Bachkova Natalia 17b, Catmando and Ermolaev Alexander 18t, Daniel Eskridge 18b, 28t, 32–33c, 34t, 51, 52t and 56–57c, Valentyna Chukhlyebova 19tl, 21t, 95r, 104tl, 104bl and 105tl, cynoclub 19tr and 21b, Natasha Zakharova 19b, Lena Miava 20t, Iryna Kuznetsova 22t, 48l, 74, 77l, 89tl, 93r and 98b, Catmando 22–23c, 31r, 42t and 54, Tuzemka 23r, rodos studio FERHAT CINAR 24l, Eric Isselee 24r, 28b, 29t, 30b, 37b, 46l, 65t, 80b, 97b, 101r, 103, 105tr and 109, Kruglov_Orda 25t, AKKHARAT JARUSILAWONG, Eric Isselee, Cre8tive Images and Ermolaev Alexander 27, Linn Currie 29b, Oksana Kuzmina and Susan Schmitz 29t, Wlad74 30t, Nils Jacobi 33, Viorel Sima 34b, Andrey_Kuzmin 35b, NYU Studio 36b, AKKHARAT JARUSILAWONG 37t, Ermolaev Alexander 39b, 99t, 105bl and 106r, Martina Osmy 40l, Jiri Hera and Marina Swarre 41t, Sonsedska Yuliia and HomeArt 42b, eAlisa 43r, BBA Photography 44–45, MirasWonderland 45t, Richard Peterson 45b, Joshua Haviv 46–47, Nynke van Holten 47t, 70t and 106l, paula French 47b, Ralf Juergen Kraft 48r and 50t, patpitchaya 49t, Matis75 49b, yevgeniy11 50b, Dzha33 53t, Theera Disayarat and milatiger 53b, Stephanie Zieber 55t and 108, oksana2010 55bl and 110t, gritsalak karalak and New Africa 55br, Olgysha 57t, topdigipro and fotogiunta 57c, Popel Arseniy 58t, Rasulov 58b, Volodymyr Krasyuk 61t, Africa Studio 61b, DM7 62t and 68c, Dioniya 62b, Orla 64–65c, Irina Kononova 66l, dimair 66r, Anton27 67t, LilKar and Happy monkey 67l, Potapov Alexander 68t, artemisphoto 68b, David Herraez Calzada and Sarawut Aiemsinsuk 69, rodos studio FERHAT CINAR 70b, Kestutis Jonaitis 71bl, Zaretska Olga 71br, andrea crisante 72t, Oliver Denker 72b, Suzanne Tucker 73tl and 111, Vivienstock 73r, YuRi Photolife 77r, Michael Rosskothen 78l, 80t and 89tr, LifetimeStock 78r, 5 second Studio 79t, Happy monkey 79b, Gelpi 81t, Ndanko 81b and 110b, Konstantin G 82t, BLACKDAY 82b, Esteban De Armas 83t, FotoYakov 83b, Katrina Brown 84b, Morphart Creation 85t, Ales Munt 85b, Seregraff and Serge Pyun 86t, Lefteris Papaulakis 86b, nevodka 87b, Susan Schmitz 89b, Kurit afshen and Linn Currie 90b, Eric Isselee, Ermolaev Alexander, David Carillet and FotoYakov 91, Utekhina Anna 92t, ryazanovm 94l, Nicolas Primola 94r, Utekhina Anna 95l, Natalia van D 96t, chrisbrignell 96b, Oksana Kuzmina 99b, Sharomka 100t, Martina Osmy, Alex Coan and DM7 100b, Sonsedska Yuliia, Bjoern Wylezich and ntv 102, Ansis Klucis 103c, kurhan 103b, Pavel Hlystov 104tr, Dzha33 104br, freestyle images 105br; Wikimedia: Falconaumanni 12r, Didier Descouens 43l.

Cats React cats from Shutterstock: Lubava, Seregraff, Jagodka and Getty: GlobalP, Arseniy45.

All design elements from Shutterstock.

Every attempt has been made to clear copyright. Should there be any inadvertent omission please apply to the publisher for rectification.

目 錄

恐龍真有趣！

恐龍的英文是Dinosaur，意思是令人望而生畏的巨大蜥蜴！這個英文單詞自1842年開始被使用。

應該是令人望而生畏的巨大貓咪才對！

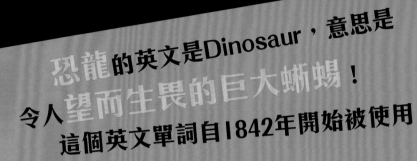

雖然恐龍已經滅絕，但我們發現某些動物是由恐龍演化而成的！例如獸腳類的恐龍是鳥類的祖先，牠們體形較小，屬於肉食性恐龍。

許多恐龍都長有羽毛，其中一種小盜龍(Microraptor)還具有飛行的能力！

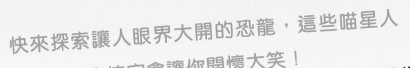

快來探索讓人眼界大開的恐龍，這些喵星人趣怪的表情定會讓你開懷大笑！下方的情緒測量表中，哪一個反應更能表達你的情緒？

假如我們將地球的歷史濃縮到一天，那麼恐龍大概在晚上10時40分誕生，在11時40分滅絕。而第一批的人類祖先要等到晚上11時58分才出現呢！

雖然只是短短的一小時，但我們的生活卻無比精彩！

史前派對開始！

暴龍
(Tyrannosaurus)

梁龍
(Diplodocus)

情緒測量表

我的天！

不可能！

嗯心！

這也叫派對？

哇！

難以置信！

什麼是恐龍？

是幾百萬年前生活在地球上的史前生物。

史前力量！

恐龍在地球上生活了逾1億4,000萬年之久。牠們屬於爬行類動物，與今天的蜥蜴和蛇屬於相同類別。

美頜龍（Compsognathus）的體形和雞差不多，但卻是兇猛的捕獵者。

誰說雞就不能兇猛無比？

恐龍的體形和形態各不相同。

有些恐龍的體形就如巴士一樣龐大，另一些則如鴿子一樣細小。

怎麼會有你這麼迷你的恐龍？

人們估計阿根廷龍（Argentinosaurus）可長達30米，這相當於一條藍鯨的長度！

嗚！這真是巨大啊！

大多數肉食性恐龍以雙足行走，而大型的草食性恐龍則會以四足前進。

誰說我要吃草？

暴龍
(Tyrannosaurus)

恐龍的形態與現代的爬行類動物有所不同。恐龍的四肢一般位於身體下方，而現代爬行動物的四肢則是位於身體兩側，例如鱷魚。

我們跟祖先不同，我看起來美極了！

恐龍時代

恐龍時代的地球
與現在大不相同。

恐龍生活在中生代時期(Mesozoic Era)。
科學家們將這個時期為三個階段：
三疊紀(Triassic Period)（約2億5,000萬至2億年前）、
侏羅紀(Jurassic Period)（約2億至1億4,500萬年前）和
白堊紀(Cretaceous Period)（約1億4,500萬至6,600萬年前）。

人們常認為所有的恐龍都生活在同一時期，
但事實並非如此。不同種類的恐龍
各自生存在不同的時期。許多物種的生存時期
甚至相隔數百萬年。

劍龍生存於侏羅紀晚期，而甲龍則出現
於8,000萬年之後的白堊紀晚期。

甲龍（Ankylosaurus）

劍龍（Stegosaurus）

這是在拍
特寫嗎？

停！這完全不是我
要的《貓羅紀公園》！

中生代時期的土地、氣候和生命
都與現在的大不相同。

在三疊紀早期，地球上所有的土地連成一片，形成一塊浩瀚
無比的大陸，我們稱之為**盤古大陸**。
最初的恐龍就是在這個時期開始演變成其他物種。

我的家在
哪裏？

盤古大陸在侏羅紀時期分裂成兩片土地。

氣候也開始變得溫和。恐龍成為了

陸上最重要的動物。

我們稱霸陸地！

雙脊龍 (Dilophosaurus)

地球上的陸地在白堊紀時期進一步**四分五裂**，
形成**接近現在地球的版圖**。最後，由於
白堊紀晚期發生了一次**世界大災難**，
令所有的**恐龍近乎滅絕**。

時間到了
朋友！

這個紅色的物體是什麼玩意？

地球在白堊紀之前並沒有花朵！直至白堊紀之後才開始出現花朵。在此之前，植物需要依靠孢子和毬果散播種子。

蕨類植物是現今為數不多仍依靠孢子播種的植物。

我的天！

不可能！

嘔心！

哇！

難以置信！

恐龍的種類

我們會根據恐龍的不同**特徵**，
將牠們**分門別類**。

異特龍（Allosaurus）

通常是肉食性

尖銳的牙齒

許多**獸腳類恐龍**
都是兇猛的捕食者，例如暴龍、
棘龍、異特龍和迅猛龍。

巨大的爪子

救命啊！

雙足行走

腕龍（Brachiosaurus）

長頸

草食性

長尾巴

四足行走

蜥腳類恐龍一般性格

温馴、體形龐大，例如梁龍、
迷惑龍和腕龍。

我發誓，我真的
看見一隻巨馬！

鳥腳類恐龍包括禽龍、鴨嘴龍
和副櫛龍。

別碰我的
晚餐！

喙

副櫛龍
(Parasaurolophus)

方便磨碎植物
的牙齒

雙足行走，有時用四足
站立方便進食。

厚頭龍屬的恐龍以異常巨大的顱頂著名，其中最廣為人知的就是厚頭龍。某些種類只吃植物，而另一些則是雜食性恐龍（以植物和肉類為食物）。

厚頭龍 (Pachycephalosaurus)

頭骨很厚

骨質顱頂

草食性或
雜食性

雙足行走

這帽子很
好看！

甲龍亞目的恐龍善於用骨板和尖刺來保護自己，從而抵擋捕食者的攻擊。牠們形態各異，有些全身布滿鱗片，另一些用骨板集中覆蓋背部和尾部。

釘狀龍 (Kentrosaurus)

草食性

骨板

慢…慢…
後…退

四足行走

噢，你給了我
時尚的靈感！

19

談到角龍亞目，相信你一定不會感到陌生！當中最廣為人知的必然是三角龍。除此之外，還有戟龍和亞伯達角龍。

好像你較我穿戴得好看！

角龍亞目恐龍是有紀錄以來擁有最多角的動物！當中的華麗角龍（Kosmoceratops）具有15隻角：頭盾後緣有10隻鈎狀角、眼睛上方各1隻、臉頰兩側各1隻、還有1隻在鼻子上方！

腔骨龍（Coelophysis）

準備好了嗎？一起來看「喵」不可言的恐龍吧！

腔骨龍體形雖小，行動卻非常敏捷！

恐龍檔案

腔骨龍是早期的**獸腳類恐龍**。相較於其他同類龐大的獸腳類恐龍，牠的**體形較小**，屬於食物鏈的較低層。儘管如此，牠的捕食能力仍然不容忽視！對早期的哺乳類動物和小型爬行動物來說，腔骨龍仍是**可怕的捕食者！**

> 84，85，86……
> 這麼多牙齒！

腔骨龍行動**迅速、敏捷**，這令牠成為**強大的捕食者**。牠擁有修長而**靈活的頸部**，可以伸進地洞靠近獵物。若獵物企圖掙扎逃跑，牠強大有力的脖子能夠左右扭轉，幫助牢牢地咬住獵物。另外，牠的嘴巴很長，具有**數百顆尖銳的牙齒**。

我們通常會在一個地方發現多個腔骨龍化石。
因此有些古生物學家認為牠們是**羣居動物**，
會一起居住，然後**集體捕食**體形較大的獵物。

尾巴交給你，
我負責耳朵！

嘶嘶！！

然而，有些**專家**認為這**不足以證明**腔骨龍是羣居動物。
牠們只是**偶然聚集**在一起，例如曾在同一地方**喝水**
然後突然被**洪水淹死**，所以才會在同一個地方找
到多副腔骨龍化石。

始祖鳥（Archaeopteryx）

始祖鳥被認為是最早擁有鳥類羽毛的恐龍。

始祖鳥的體形如喜鵲一般嬌小，和現代鳥類一樣擁有雙翼和羽毛。始祖鳥同時還具有恐龍的特徵，例如尖利的牙齒、長長的尾骨和雙翼上爪子，而現代鳥類卻沒有這些特徵。

始祖鳥缺乏用於展開雙翼的骨骼結構，因此無法遠距離飛行，但牠們會利用雙翼在地面上加速衝刺，以進行捕食。

恐龍檔案

- 生存時期：三疊紀晚期
- 體長：0.5米
- 體重：27公斤

首個始祖鳥的化石

最早發現於1861年。

當時的科學家大為震驚，因為

他們從來沒見過具有羽毛

結構的恐龍。

有些人甚至還認為

這是天使的化石！

這絕對是
天使！

我的天！

不可能！

噁心！

哇！

難以
置信！

梁龍（Diplodocus）

梁龍具有長長的脖子和尾巴，體長超過一個網球場！

梁龍的長脖子由15根骨頭組成，某些頸骨甚至超過1米！

梁龍可以用長長的脖子摘取高處的樹葉。牠也可以垂下脖子靠近地面喝水。

- **生存時期**：侏羅紀晚期
- **體長**：26米
- **體重**：15,000公斤

梁龍利用長長的尾巴來**平衡身體**前方頸部的重量。牠的**尾巴**相當靈活。

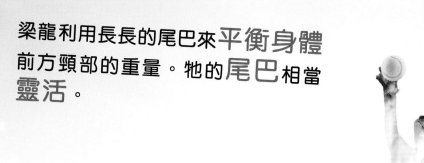

我們可以玩嗎？

有些古生物學家認為梁龍能夠像**抽動鞭子一樣**揮動尾巴，從而**威嚇**甚至**攻擊捕食者**。

跟我的尾巴一模一樣！

梁龍和其他蜥腳類恐龍
一樣都是草食性動物。
牠具有特殊的門牙，能夠
像梳子一樣把葉子和樹枝分離。
由於梁龍需要大量進食，經常磨碎
植物，牠們的牙齒磨損得相當快，
因此每隔35天牙齒便會自動
脫落，繼而換上新牙！

恐龍，你要吃多一點啊！
你瘦得剩下骨頭了！

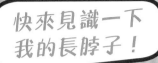

快來見識一下
我的長脖子！

梁龍的脖子很長，
是長頸鹿的三倍！

某些恐龍的脖子比梁龍還要長！
馬門溪龍(Mamenchisaurus)的
脖子長度佔了全身的一半！

我的天！

不可能！　　　噁心！

哇！　　　　　　　　難以
置信！

劍龍（Stegosaurus）

劍龍是**性格溫馴、行動緩慢**的草食性恐龍。雖然如此，牠卻藏了鋒利無比的秘密武器！

劍龍以身上尖銳的菱形骨板見稱，骨板沿着背部一路延伸至尾部，猶如一副裝甲保護劍龍。雖然這些骨板是由骨頭構成，但它們並不是與骨骼相連，而是嵌入在劍龍的皮膚當中。

- **生存時期**：侏羅紀晚期
- **體長**：9米
- **體重**：4,500公斤

恐龍專家們並不確定劍龍身上這些骨板的用途。它們可能對捕食者產生**威嚇的作用**，或者用來**調節體溫**。也有人認為骨板覆蓋的皮膚能夠**改變顏色**，從而**吸引異性**。

> 我的喵呀！這些尖刺也太鋒利了吧？

劍龍的尾部長了**四根巨大的尖刺**，用於抵禦敵人。每根尖刺長約**90厘米**。

劍龍的前肢比後肢短，因此頭部非常接近地面。牠主要以低矮的植物為主食，例如蕨類植物和苔蘚。

我還是吃魚算了。

什麼？

劍龍的頭部是在所有恐龍當中最小的。

劍龍的身體和非洲大象一樣長，但是

牠的大腦卻像一顆布䓖那麼小！

我的天！

不可能！

噁心！

哇！

難以
置信！

重爪龍（Baryonyx）

這隻巨大的**獸腳類恐龍**主要以**魚類**為食。

重爪龍與現代鱷魚一樣擁有**長而狹窄的嘴巴**。牠們的**牙齒相當鋒利**，有助於咬住滑溜溜的獵物。

重爪龍利用**巨大的雙爪**把魚勾出水面。

重爪龍同時也會捕食其他恐龍。專家曾經在一隻重爪龍化石的胃部發現年幼禽龍的殘骸。

快餵我！我快餓死了！

恐龍檔案

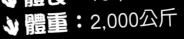

重爪龍的拇指有一根
30厘米長的巨大爪子！
「重爪龍」這名字正是有
「沉重的爪子」的意思。

這也算爪子？

我的天！

不可能！

噁心！

哇！

難以置信！

禽龍 (Iguanodon)

禽龍屬於鳥腳類恐龍。牠擁有強而有力的後肢，支撐着龐大而沉重的身軀。牠還有一條巨大的尾巴幫助平衡身體的重量。

禽龍的肢體很靈活，可以在**雙足**和**四足**模式之間隨意切換。

當禽龍以四足的方式前行，牠前足的三根中指可以像蹄子一樣分擔身體的重量。

恐龍檔案

- 生存時期：白堊紀早期
- 體長：10米
- 體重：4,000公斤

禽龍是草食性恐龍，牙齒的邊緣呈鋸齒狀，有助於切開樹葉。牠還有一個以角蛋白構成的硬喙。人類的指甲也是由角蛋白組成的。

豎起拇指給我讚！

禽龍的拇指尤其鋒利，它能抵擋像重爪龍一樣的外敵，也能切割堅硬的植物。

1822年，英國古生物學家吉迪恩·曼特爾與他的妻子瑪麗·曼特爾在英格蘭發現禽龍化石。雖然當時的科學家們對史前生命和恐龍缺乏足夠的認識，但他們確定這件化石不屬於任何當代已知的動物。

曼特爾夫婦將這種未知生物取名為禽龍。在希臘文裏，「iguana」意為鬣蜥，「odontos」意為牙齒。他們認為禽龍的牙齒與現代鬣蜥相似，因而以此命名。禽龍是第一隻被人類發現且命名的恐龍。

早期的禽龍圖畫與現代的大不相同。當時的科學家認為禽龍拇指上的尖刺是一隻角！

他們到底在想什麼？

我的天！

不可能！

噁心！

哇！

難以置信！

恐爪龍（Deinonychus）

恐爪龍是兇猛的獵食者。牠們善於用手腳上的尖利的長爪攻擊獵物。

恐爪龍喜歡集體捕食，但一旦捕獲獵物，合作關係便會立刻瓦解！在爭奪食物的過程中，體形較小的恐爪龍容易受到攻擊，甚至被殺死。

沒錯就是這樣！一起攻擊！

恐爪龍會集體捕食，獵殺體形巨大的恐龍，例如腱龍(Tenontosaurus)。

人們常說好奇害死貓。我有幸逃過一劫。

恐爪龍的第二根趾骨長有致命的利爪。
在奔跑的時候，牠們會抬起第二根趾骨，以讓爪子保持鋒利，而不會被地面磨損。

我的天！

不可能！

噁心！

哇！

難以置信！

羽暴龍 (Yutyrannus)

這種恐龍是地球迄今體形**最大**的長有羽毛的生物。

羽暴龍是**暴龍**的近親。牠的羽毛可**長達20厘米**！這有利於羽暴龍**保持體溫**，度過寒冷的天氣。

還好我們有這些羽毛！我快凍僵了！

古生物學家在中國東北部挖掘出羽暴龍的化石。相信在白堊紀早期當地氣候相當寒冷。

恐龍檔案

- 生存時期：白堊紀早期
- 體長：9米
- 體重：1,400公斤

想都別想！

羽暴龍的羽毛又細又長，就像雞寶寶肚子下的絨毛！

我的天！

不可能！

噁心！

哇！

難以置信！

45

似雞龍（Gallimimus）

這隻**速度型**的
羽毛恐龍不僅
看起來像鴕鳥，
跑起來更像鴕鳥！

似雞龍被認為是雜食性動物。
牠不僅可以吃樹葉和種子，
還能用長長的脖子捕食地面的
小型獵物。

朋友，
等等我！

大型的獸腳類恐龍也會獵食似雞龍，但似雞龍的
奔跑速度非常快，能夠迅速躲避獵殺。

恐龍檔案

- 生存時期：白堊紀晚期
- 體長：6米
- 體重：200公斤

抓不到我吧！

似雞龍和現代的駝鳥一樣都是極佳的短跑選手！

似雞龍可算是速度最快的恐龍之一。

我的天！

不可能！

噁心！

哇！

難以置信！

47

甲龍 (Ankylosaurus)

甲龍是一隻「身穿鎧甲」的恐龍，牠的**背部、頭部、尾巴甚至眼皮都**有裝甲保護！

甲龍身上有一層堅硬的骨板覆蓋在厚實的皮膚之上。除此之外，牠身上還有骨槌和尖刺。

你這一身也叫鎧甲嗎？

對捕食者來說，要咬破甲龍的裝甲是一件非常困難的事。甲龍身上唯一的弱點就是柔軟的腹部，這裏沒有裝甲覆蓋，容易受到攻擊。

放過我柔軟的肚子吧！

我的肚子才是更柔軟！

你膽敢再靠近一步，我就讓你吃盡苦頭！

大型甲龍的尾槌威力強大，足以擊碎捕食者的骨頭！

我的天！

不可能！

噁心！

哇！

難以置信！

迅猛龍（Velociraptor）

一旦迅猛龍成功靠近獵物，牠會用長長的銳爪壓制獵物，然後利用鋸齒狀的利齒撕咬獵物。

迅猛龍的體形與火雞相似。雖然體形不大，但卻是致命的捕食者！

貓咪，牠跑去了你的方向！

做得好！團結就是力量！

恐龍檔案

- 生存時期：白堊紀晚期
- 體長：1.8米
- 體重：7公斤

專家認為許多捕食者通常在夜間行動，迅猛龍也不例外！

我也有同伴！我不是孤獨貓……

我的天！

不可能！

噁心！

哇！

難以置信！

慈母龍 (Maiasaura)

古生物學家從**化石研究**得知，**慈母龍絕對是完美的父母！**

慈母龍喜歡大型**羣聚**生活。牠們會一路**遷徙**，然後每年回到原來的地方**繁殖產卵**。

媽媽！
媽媽！

慈母龍寶寶出生之後，慈母龍會把食物帶回家，給孩子餵食。寶寶長大後，牠們會跟隨父母一同遷徙。

生存時期：白堊紀晚期
體長：9米
體重：2,500公斤

慈母龍會利用
腐爛的樹葉
為巢裏的恐龍蛋保暖！

很舒適，但也很難聞！

慈母龍太重了！不可以坐在蛋上孵蛋！

不予置評！

不可能！　　我的天！　　噁心！

哇！　　　　　　　　　　難以置信！

棘龍（Spinosaurus）

棘龍是巨大的捕食者，牠會在陸上和水中生活。

棘龍以背部長長的帆狀物見稱。牠的背帆由脊椎支撐，可長達1.8米。

恐龍檔案

棘龍的背帆可以改變顏色！
這或許是牠們的求偶方式。

我喜歡你
的打扮！

剛才有人提
及船帆嗎？

專家認為棘龍能夠游泳。牠的牙齒和嘴巴構造與重爪龍相似，能夠輕易捕捉黏滑的魚類。

我愛鯉魚！

太危險了！我還是離開吧！

58

暴龍（Tyrannosaurus）

吼吼！

棘龍（Spinosaurus）

棘龍是體形最大的
肉食性恐龍！

怎樣？
矮子！

棘龍的身體比
暴龍還要長。

我的天！

不可能！

噁心！

哇！

難以
置信！

厚頭龍（Pachycephalosaurus）

厚頭龍的頭部
與眾不同！

厚頭龍的頭部有一個
大型骨質顱頂，頭上
有許多小角，這些角
也是由骨頭組成。

厚頭龍有一雙強而有力的後肢，
而前肢則很細小。

生存時期：白堊紀晚期
體長：8米
體重：3,000公斤

厚頭龍的顱頂可厚達23厘米！這相當於一個成年男子的腳部的平均長度！

好臭！我下次還是直接用尺子量度吧。

尺子？我好像有一把……

我的天！

不可能！

噁心！

哇！

難以置信！

暴龍（Tyrannosaurus）

巨大、強壯、兇殘
——暴龍是捕食者之中的王者！

嗚嗚，真可怕，快救救我！

暴龍的血盆大口裏面有60顆牙齒，每顆牙齒長達20厘米，相當於一支叉子的長度！

暴龍的牙齒可以直接咬碎骨頭。牠進食時不需要咀嚼，便能吞下一大塊肉。

牠可能需要大一點的牙刷。

雖然暴龍細小的前肢無法抓取獵物放進嘴裏，但牠強大的血盆大口彌補了這個缺點，令牠無需用前肢也能獵食！

暴龍擁有**非常靈敏的嗅覺**，
有利於**尋找獵物**的位置。
牠不僅會捕食動物，甚至
連動物的屍體也不會放過！

我聞到晚餐的味道！

三角龍（Triceratops）

三角龍的名字源於牠頭上的**三隻角**，原因顯而易見！

三角龍的鼻子上有一隻短角，眼睛上方各有一隻長角。兩隻長角十分**尖銳**，可達1米長！

頭盾

三角龍的角和頭盾都是骨骼的一部分。

貓的骨骼更好看，你這小恐龍！

生存時期：白堊紀晚期
體長：9米
體重：5,500公斤

三角龍長有一個非常大的骨質頭盾，保護牠的頸部免受捕食者攻擊。同時，這個頭盾還能幫助牠們吸引異性。

很高興認識你！

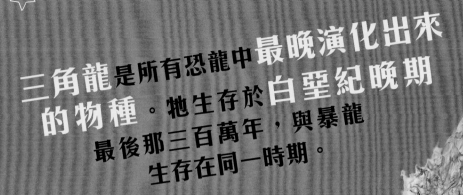

三角龍是所有恐龍中最晚演化出來的物種。牠生存於白堊紀晚期最後那三百萬年，與暴龍生存在同一時期。

你也有種不詳的預感？

即將發生災難了！

恐龍時代的終結

恐龍一直稱霸地球長達數百萬年，
然後在6,600萬年前
突然滅絕了。

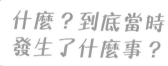

什麼？到底當時
發生了什麼事？

橫跨中生代時期，有許多恐龍誕生
及演化，也有許多的恐龍相繼滅絕。
有些恐龍為了適應環境轉變
而演化成新的物種，也有些
恐龍無法適應新環境而導致
滅絕。

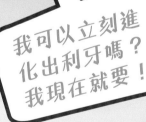

我可以立刻進
化出利牙嗎？
我現在就要！

連我也
要滅絕？

化石研究發現，所有恐龍在6,600萬年前全部滅絕，只剩下某些鳥類。除了陸地上的恐龍之外，其他物種也不能倖免，包括天上的翼龍和大型海洋爬行動物。幾乎所有物種在同一時間全數滅絕，堪稱是一場生物大滅絕事件。

先生，這是你要的利牙……

哀悼恐龍。

關於這場**大型恐龍滅絕**事件，許多科學家相信這是由一顆**巨型隕石撞擊地球**所造成的。

我不想用九條命來犯險！

找到了嗎？

就在這裏，大哥！

我的天！

不可能！

噁心！

哇！

難以置信！

隕石撞擊激起了地球大範圍的塵埃。遮天蔽日的塵埃導致地球變得黑暗又寒冷，植物因而無法生長。大型的草食性和雜食性動物缺乏足夠的食物來源，導致大量死亡。

在這場生物大滅絕事件過後，只有小型的動物得以倖存，包括爬行類、鳥類、兩棲類以及魚類動物。

現代動物就是由這些倖存者演化而來。

真高興你的魚類祖先倖存了下來！

翼龍 (Pterosaurs)

恐龍不是唯一的史前爬行動物！

我們把中生代會飛的爬行動物稱作翼龍。牠們和恐龍都在同一時間滅絕。

無齒翼龍 (Pteranodon)
（其中一種翼龍）

恐龍只懂吃喝，翼龍稱霸天下！

翼龍是第一種會飛的脊椎動物。翼龍的雙翼是由皮膚延伸形成的皮膜，與現代蝙蝠的翼相似。

喙嘴翼龍 (Rhamphorhynchus)

早期的翼龍身形比較小，擁有長長的尾巴，例如典型的喙嘴翼龍。

極長的翼指

翼龍的雙翼由前爪最後一根指頭延伸到身體兩側。我們稱這根長長的指頭為翼指。喙嘴翼龍的翼指長度是身體的三倍！

嗨，凸嘴的傢伙！

風神翼龍
(Quetzalcoatlus)

風神翼龍能夠像猛禽一樣縱橫天際。不僅如此，牠在陸地上也行動自如。牠可以折疊雙翼，利用四肢行走。

風神翼龍不僅是體形最大的翼龍……牠甚至是有史以來最大的飛行動物！

由於風神翼龍沒有牙齒，因此牠不會咀嚼食物，而是把整隻魚類或小型恐龍吞進肚中。

記得選一個體形和你一樣的來吃！

史前海洋生物

中生代時期的**海洋**也充滿各種**神奇**的生物！

中生代海洋生物包括**魚類**、**鯊魚**、**菊石**以及大型海洋爬行動物例如魚龍和蛇頸龍。

菊石是現代魷魚和章魚的近親。牠們大多數和恐龍在同一時間滅絕。

克柔龍(Kronosaurus)是一種大型的蛇頸龍，牠會獵食其他大型魚類、菊石和海洋爬行動物。

嘿！別碰我的午餐！

利茲魚（Leedsichthys）是生存於侏羅紀時期的魚類。牠是海洋中最大的生物，且擁有超過40,000顆牙齒！

我很放鬆！

但別擔心！利茲魚雖然體形龐大，但性格相當溫馴。牠會把海水和小型動物吸入口中，然後用牙齒篩走水和其他雜物。

我的天！

不可能！

噁心！

哇！

難以置信！

83

魚龍 (Ichthyosaurus)

魚龍雖然看起來像海豚，但其實是爬行動物！

無論是海豚，還是魚龍，抑或是其他海洋爬行動物，牠們都需要呼吸空氣。牠們的祖先原本生活在陸地，但自從魚龍生活在海洋之後，牠們逐漸適應在海裏的生活，然後演化出流線型的身體。隨着時間推移，牠們的四肢演化成了鰭足。

我也準備好在水底生活了！

泰曼魚龍（Temnodontosaurus）是其中一種著名的魚龍。牠們的眼睛比足球還大！

我的英雄！

我的天！

不可能！

噁心！

哇！

難以置信！

蛇頸龍 (Plesiosaurs)

某些蛇頸龍的脖子非常長！

雖然蛇頸龍的長脖子**不太靈活**，但牠可以**潛入海底**抓魚或抓水母。

再靠近一步
小心我抓你！

有一些蛇頸龍是其他大型海洋爬行動物的**獵物**，而另一些蛇頸龍則是**頂級捕食者**，以捕食其他大型海洋生物維生。

薄板龍（Elasmosaurus）屬於其中一種蛇頸龍。牠的脖子長達6.5米，裏面擁有70根骨頭！

我贏了！

我只有七根骨頭！

我們根本無法比較……

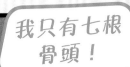

我的天！

不可能！

噁心！

哇！

難以置信！

滄龍（Mosasaurs）

在魚龍和蛇頸龍滅絕之後，滄龍成為白堊紀晚期的**海洋霸主**。

滄龍的食物豐富多樣，包括**海龜、菊石、魚類、鯊魚、海鳥**甚至**其他滄龍**！

掉頭！
掉頭！

牠們可以把嘴巴張得很大，然後**咬住大型獵物**。這種進食方法和現代鯊魚相似。

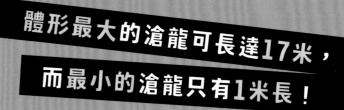

體形最大的滄龍可長達17米，
而最小的滄龍只有1米長！

我無法想像這麼
迷你的滄龍！

快繼續游
下去吧！

我的天！

不可能！

噁心！

哇！

難以
置信！

早期兩棲類動物及爬行動物

兩棲類動物是最早的四足陸生動物！

引螈
（Eryops）
是大型的史前兩棲
類動物，牠體長約
2米。

在距離中生代還有1億2,000萬年的時候，某些魚類開始到陸地上生存。

牠們的魚鰭演化成四肢，同時懂得在空氣中呼吸。

這些動物成為了第一批兩棲類動物！

輪到我們了嗎？

無論是**恐龍**，現代的**爬行動物**、兩棲類動物、鳥類，甚至包含人類在內的哺乳類動物，我們都是史前兩棲動物的後裔！

你是最好的！

最好的家庭活動！

謝謝大家！

我的天！

不可能！

噁心！

哇！

難以置信！

史上第一隻鳥

鳥類是唯一倖存下來的恐龍後裔！

屏住……呼吸……
我快要出擊……

在侏羅紀結束之前，許多小型獸腳類恐龍進化出類似鳥的特徵，例如蓬鬆的羽毛和翅膀。但牠們並不懂得好好飛翔。

史上第一隻鳥出現在白堊紀。牠們懂得飛行，擁有羽毛和喙。這些物種在經歷了恐龍大滅絕之後仍倖存了下來，進化成為現代鳥類。

孔子鳥
(Confuciusornis)
是生活在白堊紀
早期的鳥類，牠的體形
與烏鴉相似。

許多史前鳥類的體形都相當巨大！奔鳥（Dromornis）就是最好的例子。牠體形龐大、不諳飛行，體重高達500公斤，相當於六個成年人的重量！

這真的是一頓大餐！

奔鳥是在恐龍滅絕之後出現的。

我的天！

不可能！

噁心！

哇！

難以置信！

史前哺乳類動物

史上第一隻哺乳類動物
出現在三疊紀。

大部份恐龍時代
的哺乳類動物都
非常細小。牠們的
體形就如現代老鼠
一樣小。

大帶齒獸(Megazostrodon)
吃昆蟲和蠕蟲維持生命。

直到**恐龍滅絕之後**，哺乳類動物才逐漸變大。牠們填補了恐龍的空隙，成為了稱霸陸地的動物。

爸爸？

斯劍虎是一種在1萬年前滅絕的劍齒虎。他的利牙長達20厘米，和暴龍的牙齒一樣長！

化石

我們目前擁有的**恐龍知識**幾乎都是從化石研究中得知，包括**恐龍的長相和習性**！

幸好它們只是石頭！

化石是**史前生物遺留下來的殘骸**。它們不是生物遺體，而是經年累月**由遺體變成**的石頭複製品。

中華龍鳥
（Sinosauropteryx）
有黃白相間的尾巴！

恐龍的羽毛化石和皮膚化石裏面藏有色素細胞，
它可以告訴我們恐龍的顏色。

條紋尾巴？
親愛的，這是我
發明的！

我的天！

不可能！　　　噁心！

哇！　　　　　　　　難以
　　　　　　　　　　置信！

97

只有極少量的史前植物和動物以化石的
形式保存下來。當環境滿足所有必要條件
的時候，生物遺骸才能變成化石。

動物死亡後
遺體腐爛，只留下
堅硬的部分，例如骨頭
和牙齒。

遺體迅速被
泥土掩埋，這通
常發生在水底。

泥土經年
累月一層一層地
堆疊。

我們也可以通過化石了解恐龍的知識。

痕迹化石並非來源於生物遺骸，而是某些紀錄了恐龍習性的化石，例如腳印、巢穴、恐龍蛋甚至是糞便。

噁心！

我們把由恐龍排泄物形成的化石稱為糞化石。

古生物學家透過研究糞化石了解恐龍的食物。

誰吃了我的貓餅乾？

這……

迄今發現最大的恐龍腳印長達1.7米。一個體形較小的成年人類可以輕鬆地躺進這個腳印裏！

或者兩隻貓也可以！

我的天！

不可能！

嗯心！

哇！

難以置信！

琥珀

史前的遺骸還能夠以琥珀的

形式保留下來。

琥珀是一種由植物樹脂形成的
化石。新鮮樹脂的質地非常
黏稠，某些古代昆蟲、蜘蛛
和小型動物會被困在其中。
經過數百萬年之後，樹脂變
成了琥珀，把動物永遠封印在
裏面。

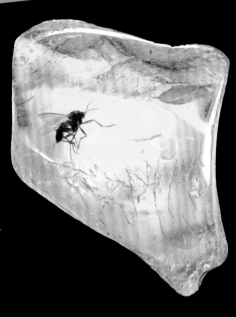

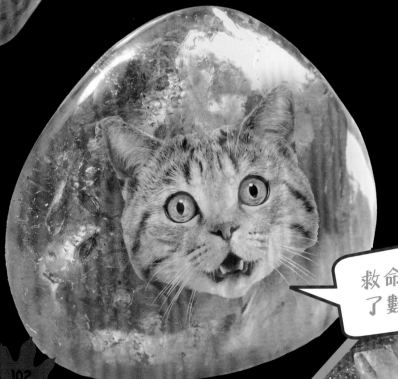

救命！我被困
了數百萬年！

藍色最美！

藍琥珀

大部分的琥珀是黃棕色的，但也有一些
琥珀呈淺黃色、白色、暗紅色、黑色
甚至是藍色！

我真想變成藍色！

我的天！

不可能！

嗯心！

哇！

難以置信！

這麼長的恐龍英文名字！我看得一頭霧水！救救我！

下面是我為你準備的英語發音指南！

史前動物名字的英文讀音指南

要讀出各種史前動物的英文名字一點都不難，你可以看看以下的簡易讀音指引。（大楷的音節表示重音）

阿拉摩龍	Alamosaurus (ah-la-mow-SORE-us)
亞伯達角龍	Albertaceratops (al-bert-a-SER-ra-tops)
異特龍	Allosaurus (AL-ch-sore-us)
甲龍	Ankylosaurus (an-KEEL-oh-sore-us)
迷惑龍	Apatosaurus (ah-PAT-oh-sore-us)
始祖鳥	Archaeopteryx (ark-ee-OPT-er-ix)
阿根廷龍	Argentinosaurus (AR-gent-ee-no-sore-us)
重爪龍	Baryonyx (bah-ree-ON-icks)
腕龍	Brachiosaurus (BRAK-ee-oh-sore-us)
腔骨龍	Coelophysis (seel-OH-fie-sis)
美頜龍	Compsognathus (komp-sog-NATH-us)
孔子鳥	Confuciusornis (kon-few-shu-SOR-niss)
恐爪龍	Deinonychus (die-NON-eye-kuss)
雙脊龍	Dilophosaurus (die-LOAF-oh-sore-us)
梁龍	Diplodocus (DIP-lo-DoH-cus)
薄板龍	Elasmosaurus (eh-laz-muh-SORE-us)
引螈	Eryops (EH-ree-ops)
似雞龍	Gallimimus (gah-lee-MEEM-us)

鴨嘴龍	Hadrosaurus (HAD-row-sora-us)
魚龍	Ichthyosaur (ICK-thee-oh-sore)
禽龍	Iguanodon (ig-WHA-noh-don)
劍龍	Kentrosaurus (ken-TROH-sore-us)
華麗角龍	Kosmoceratops (coz-mo-SER-ra-tops)
克柔龍	Kronosaurus (crow-no-SORE-us)
利茲魚	Leedsichthys (leed-SICK-thiss)
慈母龍	Maiasaura (my-ah-SORE-ah)
馬門溪龍	Mamenchisaurus (mah-men-chi-SORE-us)
大帶齒獸	Megazostrodon (meg-uh-ZOSS-truh-don)
小盜龍	Microraptor (MIKE-row-rap-tor)
滄龍	Mosasaurs (MOZE-uh-sore)
厚頭龍	Pachycephalosaurus (pack-ee-KEF-ah-lo-sore-us)
副櫛龍	Parasaurolophus (pa-ra-saw-ROL-off-us)
蛇頸龍	plesiosaur (PLEE-zee-ch-sore)
無齒翼龍	Pteranodon (terr-AN-oh-don)
翼龍	pterosaur (TERR-oh-sore)
風神翼龍	Quetzalcoatlus (ket-zel-KWAT-a-lus)
喙嘴翼龍	Rhamphorhynchus (RAM-four-ink-us)
中華龍鳥	Sinosauropteryx (sine-oh-sore-OPT-ter-icks)
斯劍虎	Similodon (SMILE-uh-don)
棘龍	Spinosaurus (SPINE-oh-sore-us)
劍龍	Stegosaurus (STEG-oh-sore-us)
戟龍	Styracosaurus (sty-RAK-oh-sore-us)
古神翼龍	Tapejara (TAH-pe-jar-uh)
泰曼魚龍	Temnodontosaurus (tem-no-DONT-uh-sore-us)
腱龍	Tenontosaurus (ten-ON-toe-sore-us)
三角龍	Triceratops (tri-SER-ra-tops)
暴龍	Tyrannosaurus (tie-RAN-oh-sore-us)

詞彙表

三畫

大陸 (continent)： 地球主要的陸地。

四畫

化石 (fossil)： 史前植物或動物的遺骸或痕跡被長時間保存在岩石之中。

支配 (dorminant)： 比同一個領域的其他生物更強大、更有力量。

五畫

古生物學家 (palaeontologist)： 研究恐龍和史前生命的科學家。

史前 (prehisotric)： 用來形容有文字記載以前的時間。

生物大滅絕 (mass extinction)： 許多植物或動物在同一時間全部死亡。

皮膜 (membrane)： 一層薄薄的皮膚。

六畫

同類相食 (cannibal)： 相同物種之間互相掠食。

肉食性 (carnivore)： 以其他動物的肉為主要食糧的動物。

色素 (pigment)： 含有顏色的物質。

七畫

沉積岩 (sedimentary rock)： 指由沉積物形成的岩石。一層層的沉積物經過長年堆積和擠壓而黏在一起，直至變成岩石。

八畫

兩棲類動物 (amphibian)： 恆溫的脊椎動物，擁有濕潤的皮膚，會在水中產卵的動物，能在水中或陸地上生活。

孢子 (spore)： 一種不需要種子也能長出新植物的細胞。

爬行動物 (reptile)： 在陸地上的卵生冷血脊椎動物，需要陽光的熱能來維持身體溫度。

紀 (period)： 我們將「時代」再細分為不同的時間段。

九畫

食腐動物 (scavenger)： 以進食動物屍體和腐肉維生的動物。

祖先 (ancestor)： 與某種現代動物是生物學上的近親，生活在很久以前。

十畫

時代 (era)： 科學家將地球歷史事件，按照沉積岩層形成的順序，分為不同的歷史階段。

哺乳類動物 (mammal)： 長有毛皮或毛髮的脊椎動物，牠們的身體能分泌乳汁餵養幼兒，通常是胎生。

捕食者 (predator)： 指以獵食其他動物維生的動物。

脊椎動物 (vertebrate)： 擁有脊椎的動物，頭部有堅硬的顱骨保護，例如鳥類和哺乳類動物。

草食性動物 (herbivore)： 以進食植物維生的動物，例如樹葉、植物根部和種子。

配偶 (mate)： 負責繁殖的伴侶。

十一畫

頂級捕食者 (apex predator)： 位於食物鏈的頂端，沒有其他捕食者會捕食牠們，只有牠們捕食其他動物。

十二畫

琥珀 (amber)： 一種由植物樹脂形成的化石。

隕石 (meteorite)： 一顆由外太空降落在地球的石頭。

隕石坑 (crator)： 地面上的一個大坑洞。

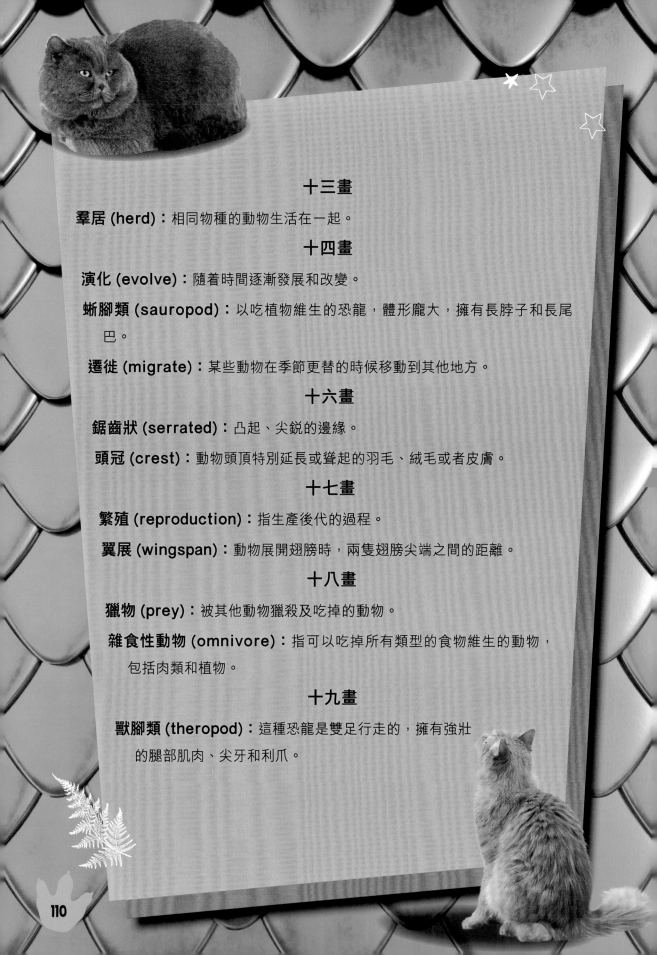

十三畫

羣居 (herd)：相同物種的動物生活在一起。

十四畫

演化 (evolve)：隨着時間逐漸發展和改變。

蜥腳類 (sauropod)：以吃植物維生的恐龍，體形龐大，擁有長脖子和長尾巴。

遷徙 (migrate)：某些動物在季節更替的時候移動到其他地方。

十六畫

鋸齒狀 (serrated)：凸起、尖銳的邊緣。

頭冠 (crest)：動物頭頂特別延長或聳起的羽毛、絨毛或者皮膚。

十七畫

繁殖 (reproduction)：指生產後代的過程。

翼展 (wingspan)：動物展開翅膀時，兩隻翅膀尖端之間的距離。

十八畫

獵物 (prey)：被其他動物獵殺及吃掉的動物。

雜食性動物 (omnivore)：指可以吃掉所有類型的食物維生的動物，包括肉類和植物。

十九畫

獸腳類 (theropod)：這種恐龍是雙足行走的，擁有強壯的腿部肌肉、尖牙和利爪。

更多資訊

延伸閱讀

《恐龍家族全圖解》（由新雅文化出版）

你可能在看電影或展覽中見過恐龍，想知道更多不同種類的恐龍？你可以透過這本書，從頭到腳、由內至外，全方位認識恐龍。除了恐龍生存的時代、品種、身體特徵和習性，書中還有很多讓你意想不到的奇趣內容。

《恐龍全能大比拼》（由新雅文化出版）

這本非一般的恐龍圖鑑，可以滿足你對恐龍和史前生物的好奇心。書中不但會將恐龍與現代事物作出比較，形象化地呈現出恐龍的「巨大」和「厲害」，而且讓不同品種、不同時期的恐龍進行大決鬥，找出「恐龍最強」！

參考網頁資源

你也可以瀏覽以下這些英文網頁，發掘更多恐龍的奧秘！

The Natural History Museum 英國自然史博物館

https://www.nhm.ac.uk/discover/what-dinosaur-are-you.html
這個網站提供一個簡單的性格測試，測出你是屬於哪一種恐龍！

國家地理雜誌（兒童版）

https://kids.nationalgeographic.com/animals/prehistoric
這個網站提供一些恐龍影片、小遊戲和小測試，內容豐富有趣。

英國DK出版社

https://www.dkfindout.com/uk/dinosaurs-and-prehistoric-life/
這個網站以圖解形式解說各種史前動物的知識。

索引